DE

L'ACTION DES EAUX SULFUREUSES

ET NOTAMMENT DES

EAUX DE CAUTERETS

(HAUTES-PYRÉNÉES)

SUR LA PHTHISIE PULMONAIRE

PAR

LE DOCTEUR J. C. MOINET

MÉDECIN CONSULTANT AUX EAUX DE CAUTERETS,
ANCIEN MÉDECIN-MAJOR DE LA MARINE,
MEMBRE TITULAIRE DE LA SOCIÉTÉ D'ANTHROPOLOGIE DE PARIS, ETC.
CHEVALIER DE LA LÉGION D'HONNEUR, ETC.

PARIS

G. MASSON, ÉDITEUR

LIBRAIRE DE L'ACADÉMIE DE MÉDECINE

120, BOULEVARD SAINT-GERMAIN

1880

DE L'ACTION DES EAUX SULFUREUSES

ET NOTAMMMENT DES

EAUX DE CAUTERETS

SUR LA PHTHISIE PULMONAIRE

LA ROCHELLE, TYP. A. SIRET.

DE

L'ACTION DES EAUX SULFUREUSES

ET NOTAMMENT DES

EAUX DE CAUTERETS

(HAUTES-PYRÉNÉES)

SUR LA PHTHISIE PULMONAIRE

PAR

LE DOCTEUR J. C. MOINET

MÉDECIN CONSULTANT AUX EAUX DE CAUTERETS,

ANCIEN MÉDECIN-MAJOR DE LA MARINE,

MEMBRE TITULAIRE DE LA SOCIÉTÉ D'ANTHROPOLOGIE DE PARIS, ETC.

CHEVALIER DE LA LÉGION D'HONNEUR, ETC,

PARIS

G. MASSON, ÉDITEUR

LIBRAIRE DE L'ACADÉMIE DE MÉDECINE

120, BOULEVARD SAINT-GERMAIN

—

1880

OUVRAGES DU MÊME AUTEUR

Du traumatisme chez l'Européen, dans les pays chauds. Montpellier, 1860, chez Boëhm et fils. (S'adresser à l'auteur.

Des indications particulières de l'eau de Mauhourat. Paris, 1874, chez G. Masson.

Des indications particulières de l'eau de la Raillère. Paris, 1875, chez G. Masson.

Des caisses d'épargne scolaires. Rochefort, 1875, chez Triaud et Guy. — Epuisé.

De la création de piscines publiques. Rochefort, 1875, chez Triaud et Guy. — Epuisé.

De l'organisation d'observatoires météorologiques dans la Charente-Inférieure. Rochefort, 1876, chez Triaud et Guy. — Epuisé.

De la situation des ouvriers dans nos arsenaux maritimes Rochefort, 1876, chez Triaud et Guy. — Epuisé.

Projet de canal reliant la Loire à la Garonne et à la Charente. Saintes, 1877, chez Loychon et Ribéraud. — Epuisé.

Des indications particulières de l'eau de César et des Espagnols. Paris, 1877, chez G. Masson.

De l'action physiologique des eaux de Cauterets. Paris, 1878, chez G. Masson, imprimerie Siret, à la Rochelle.

De l'organisation des sociétés de tir. Royan, 1878, chez V. Billaud. (S'adresser à l'auteur.)

Des réformes à apporter dans la législation des eaux minérales. Paris, 1878, chez Hennuyer. — Epuisé.

Des eaux sulfureuses de Cauterets (5me édition, in-16 de 576 pages). Paris, 1879, chez G. Masson.

Les eaux minérales des Pyrénées françaises. Ouvrage couronné par la Société de médecine de Toulouse dans sa séance du 11 mai 1879 ; sera imprimé en 1881.

INTRODUCTION

DE LA CURABILITÉ DE LA PHTHISIE

PAR LES EAUX MINÉRALES

La curabilité de la phthisie a été souvent mise
en doute. Des exemples de guérison avaient été
cependant rapportés par les auteurs les plus
recommandables ; mais ne pouvant être con-
trôlés par la percussion et l'auscultation, décou-
vertes plus tard, ces cas de guérison étaient
considérés par quelques-uns comme devant
appartenir à d'autres affections chroniques et
profondes du poumon. Les observations recueil-
lies par la science et les faits plus récents
rapportés par Andral, Rogée, Boudot, Hugues
Bennett, et, dans les vingt dernières années,

par les médecins des stations thermales (Pidoux, Gigot-Suart, Cazenave, et nous-même avec beaucoup d'autres), prouvent que la phthisie, loin d'être une maladie fatalement mortelle, peut se terminer d'une manière favorable à une époque assez avancée de son cours, comme l'attestent les cicatrices et les concrétions qui ont été constatées à l'autopsie chez des gens morts accidentellement.

La phthisie peut être prévenue chez les personnes vouées à cette affection par l'hérédité ; quand elle est établie, elle peut être enrayée et maintenue au même point ; enfin elle peut être guérie complétement. Certaines eaux minérales, et spécialement les eaux sulfuré-sodiques et sulfuré-calciques, sont des instruments puissants qui, maniés par une main habile, opèrent de curieuses tranformations, de véritables résurrections.

CHAPITRE Ier

CURES PRÉVENTIVES.

M. Pidoux, inspecteur des Eaux-Bonnes, a écrit en 1875 un rapport officiel sur les cures préventives de la phthisie par les Eaux-Bonnes. Dans ce recueil, qui a fait sensation, le célèbre collaborateur de Trousseau démontre que trois grandes diathèses : la scrofule, l'arthritis et la syphilis, aboutissent à la phthisie pulmonaire, soit directement, soit en passant par divers degrés ou dégénérations, parmi lesquelles domine l'herpétisme. Pour lui, le tubercule n'est pas un produit parasitaire, la doctrine de la panspermie tuberculeuse est la plus fausse et la plus antiphilosophique de toutes les doctrines organogénésiques, elle ne peut être démontrée, elle désarme absolument le médecin et voue fatalement le malade à la mort. La doctrine de la dégénération, au contraire, est basée sur la spontanéité de l'organisme, modifiée de diverses façons par une foule de causes particulières (alimentation, vêtements, travail, excès de toutes sortes, intempéries atmosphériques, etc.) ; elle satisfait plus complètement l'esprit que l'autre doctrine, elle permet au médecin d'espérer et elle légitime son action. En même temps, et comme conséquence de la possibilité de guérison, elle autorise l'Etat à prendre des mesures d'hygiène publique, qui favorisent la santé des hommes réunis en société, elle justifie les tentatives de cures préventives chez les gens nés de personnes scrofuleuses, arthritiques, syphilitiques, ou bien menacées par les dégénérations de ces diathèses, notamment par la phthisie, qui en est la dégénération ultime.

On conçoit que le public médical ait lu avec un intérêt marqué le travail du praticien des Eaux-Bonnes, car il renferme des idées médicales remarquables et encourage le corps des médecins à instituer la cure préventive de la phthisie.

Comme M. Pidoux, la plupart des médecins des stations thermales ont noté depuis longtemps les effets des eaux sulfureuses sous ce rapport. A chaque saison, un grand nombre de personnes, venues avec des parents phthisiques, sont traitées par ce moyen et parviennent, après des cures renouvelées pendant deux ou plusieurs saisons, à fortifier leur constitution, à restaurer leur tempérament ; elles gagnent en vigueur, en développement organique dans tous les sens, plus que les parents en résultats thérapeutiques.

Il convient de tenir grand compte de l'hérédité, car un grand nombre d'enfants, nés de parents phthisiques, sont la proie de la tuberculose ; il en est aussi dont les parents n'étaient pas tuberculeux et qui le deviennent, parce que déjà dans la famille la scrofule, l'arthritis ou la syphilis a subi des dégénérations plus ou moins marquées, plus ou moins avancées. Mais tous les descendants de phthisiques ou de gens atteints par une des trois grandes diathèses ne seront pas fatalement tuberculeux : si l'un des deux parents est exempt de pareilles taches , le descendant peut hériter à la fois de la tendance à contracter l'affection du conjoint malade et de la résistance organique du conjoint en bonne santé ; si à cela on ajoute les bienfaits d'une bonne hygiène et d'une éducation physique bien dirigée , on voit l'enfant devenir dans la suite un être vigoureux , indemne de phthisie , tandis qu'à côté de lui , un frère , une sœur , dont l'héritage organique se rapporte plus au parent malade qu'au parent sain de corps , a de nombreuses chances de devenir poitrinaire. Hé ! bien , ce que la nature , secondée par des soins éducationnels intelligents , peut réaliser pour le premier de ces descendants , la cure préventive par les eaux sulfureuses peut en faire bénéficier ses frères plus chétifs et moins favorisés par l'hérédité.

C'est ce que l'on voit tous les ans dans les célèbres stations de Cauterets, des Eaux-Bonnes, de Luchon, etc. Les enfants ou les adolescents qui sont ainsi traités ne présentent quelquefois aucun signe qui puisse faire soupçonner que leurs ascendants sont tuberculeux ; mais plus tard, on apprend que, trouvant inutile le renouvellement d'une première saison et ayant négligé les avertissements donnés par un médecin sagace, ils reviennent prendre les eaux, non plus pour éviter la phthisie, mais pour en arrêter les ravages.

Souvent, au contraire, quand le médecin examine ceux qui appartiennent à la catégorie des prédisposés, il trouve des indications positives pour un traitement thermal, à titre de médication préventive. Ici l'hésitation n'est pas permise et la famille a le devoir de mettre à profit les nombreuses sources dont dispose notre pays.

Chez les fils de scrofuleux, l'action des eaux modifie le tempéramment lymphatique et, en favorisant les fonctions de la nutrition et de l'innervation, elle le rend sanguin et nerveux, c'est-à-dire plus capable de résister à la fois à l'hérédité et aux causes extérieures. Chez les individus engendrés par des goutteux, issus particulièrement de malades à goutte usée et dégénérée (herpétiques, asthmatiques, névropathes), il convient de raviver la diathèse, de la rajeunir, de la rendre active; et les eaux, par leur action stimulante et remontante, ramènent souvent des poussées d'herpès ou de goutte capables de faire antagonisme à la phthisie; abandonnés à eux-mêmes, un grand nombre de ces descendants présenteront un tempérament faible, irritable, et leur misère physiologique aboutira à la phthisie. Quant aux enfants des syphilitiques, ils sont voués eux aussi à cette affection, lorsque les parents ont été mal soignés et ont ainsi laissé la terrible diathèse passer par ses dégénérations; les lésions secondaires ou de seconde génération sont déjà moins virulentes et moins spécifiques que les primitives; elles se traduisent déjà, comme la scrofule e l'arthritisme, par des dermatoses et des affections spéciales aux muqueuses. Plus tard, les viscères, les tissus blancs, le périoste, les os sont le théâtre de la troisième phase ou génération de la maladie ; ces lésions sont encore moins spécifiques que les précédentes et l'on peut déjà les confondre avec des maladies chroniques non spécifiques, comme la scrofule. Comme le dit avec raison M. Pidoux, « les enfants qui naissent des individus affectés de ces lésions tertiaires ou de ces mêmes individus alors même qu'ils ne présentent à l'observateur aucun symptôme appréciable de syphilis tertiaire, sont souvent entachés de vices constitutionnels qui ont plus de rapport avec la scrofule, le rachitisme, etc. » qu'avec la syphilis elle-même. La syphilis affecte dans ses transformations régressives une régularité presque calculable.

La phthisie clôt quelquefois et plus souvent qu'on ne le croit la série des dégénérations de la syphilis, principalement, mais non exclusivement, chez les descendants ; les ascendants syphilisés arrivent quelquefois, en effet, à la phthisie, après avoir parcouru comme une pente rapide les trois phases de la diathèse en présentant le cortége complet des lésions successives qu'elle détermine, sans qu'aucun traitement spécifique puisse enrayer une marche aussi funeste.

Les eaux sulfureuses, ainsi que nous l'avons démontré ailleurs (1), peuvent être pour ces individus un puissant

---

(1) *Des eaux thermales sulfureuses de Cauterets.* Paris, 1879, G. Masson, éditeur, 5ᵉ édition, page 442.

instrument de guérison ; quant aux descendants entachés par l'hérédité, elles sont pour eux un moyen thérapeutique formellement indiqué, le plus capable de reconstituer leur organisme débile et de résoudre ou de prévenir les lésions ultimes auxquelles peut aboutir la syphilis. Cette médication a aussi pour effet de revivifier la syphilis, de régénérer en partie ses caractères plus spécifiques, les lésions secondaires de la peau, par exemple (retour à l'herpétisme) ; et alors on traite la diathèse en ajoutant les médicaments spécifiques aux eaux minérales.

Après avoir parlé des phthisies de cause interne, il est nécessaire de dire un mot des phthisies de cause externe. La misère, sous toutes ses formes, finit par user les constitutions les plus solides et, de génération en génération, la constitution d'une famille arrive à subir des atteintes plus ou moins profondes chez les descendants ; ces désordres aboutissent finalement à la phthisie. C'est cette classe de malades qu'on rencontre presque exclusivement dans les hôpitaux. Contre cette disposition funeste, le médecin est pour ainsi dire désarmé. Les gouvernements ont pour devoir de se préoccuper de la situation des classes nécessiteuses et d'obvier aux fatales conséquences du paupérisme de diverses manières. Une seule est de notre compétence : nous voulons parler de la création d'hospices ou d'institutions sur lesquels on dirige les enfants pauvres, afin de fortifier leur constitution et de modifier leur tempérament. De nombreuses tentatives ont été faites dans ce sens, en

France et dans la plupart des Etats de l'Europe en faveur des enfants scrofuleux ; il est temps que l'on profite de nos nombreuses stations thermales et que l'Etat, aidé des départements et des communes, au lieu de se contenter d'y envoyer des indigents déjà malades, procure également aux enfants pauvres les bienfaits de la médecine préventive en vue de la phthisie.

Un médecin de Cauterets, M. le docteur Drouillard, a consacré en mourant une somme importante à l'édification d'une maison de santé dans la vallée d'Argelès ; cet édifice, à portée des sources de Cauterets, Saint-Sauveur, Barèges, Bagnères-de-Bigorre, etc., recevra des enfants phthisiques ou prédisposés à la phthisie. Espérons que cet exemple sera suivi.

CHAPITRE II.

CURES EFFECTIVES.

Si la médication thermale est capable de seconder la nature et de prévenir le développement de la phthisie chez les descendants d'individus scrofuleux, arthritiques, syphilitiques, herpétiques et phthisiques, elle peut aussi arrêter temporairement le développement et la généralisation des tubercules déjà formés, elle peut même enrayer la phthisie pour toujours.

Les exemples de ce genre se sont accrus dans ces dernières années par l'application de nouveaux moyens de traitement. La phthisie est plus souvent guérie à Cauterets qu'on ne le croit généralement ; nous avons aussi vu des cas de terminaison heureuse chez des malades traités dans d'autres stations sulfureuses. « Les eaux n'agissent pas sur le tubercule comme un modificateur spécifique. Ce qui nous paraît bien justifié par une observation raisonnée, c'est que les eaux sulfureuses améliorent souvent et modifient profondément les conditions organiques qui préparent et activent la formation du tubercule et plus tard son évolution, en immobilisant

ce produit, en faisant cesser les mouvements congestifs
pérituberculeux ; elles guérissent quelquefois en rendant ce temps d'arrêt définitif, ou en concourant au travail propre à effectuer la cicatrisation des cavernes. Ces
propriétés ne sauraient être contestées à l'eau de la
Raillère : des exemples de son efficacité sont enregistrés
chaque année et la fréquentation croissante de la célèbre source atteste ses précieux effets » (1)

L'action particulière de la Raillère dans la phthisie a
été reconnue depuis longtemps : Théophile de Bordeu,
qui résidait aux Eaux-Bonnes pendant les saisons thermales et qui montrait pour cette station une grande par-
tialité, a fait une thèse en tête de laquelle on trouve
l'interrogation suivante, avec réponse à la question :
*An aquæ in phthisi quæ ad ultimum gradum non est
derecta, conveniunt? Aquæ Cauterrenses conveniunt.*
Dans ce travail, il s'étend longuement sur la Raillère.
Les frères Labbat, qui ont exercé la médecine à Cauterets de 1779 à 1824 et qui se sont acquis comme pra-
ticiens une réputation peut-être supérieure à celle des
frères de Bordeu, nous affirment eux aussi l'excellence
de cette source dans le traitement de la phthisie. L'aîné,
Clément Labbat, dit dans un manuscrit important qui
se trouve entre nos mains : « L'eau de la Raillère rend
le principe de vie plus actif, elle fortifie les poitrines
faibles et remédie à la disposition qu'elles ont de contracter facilement des rhumes ou des catarrhes. Les

---

1) Ouvrage cité : page 376.

phthisiques qui ne sont pas au dernier degré de leur
maladie y trouvent un grand secours. Cette eau remédie
à toutes les évacuations augmentées ou non naturelles ;
elle arrête les crachements de sang , cicatrise les vais-
seaux rompus , guérit la tendance hémoptysique , mais
cette maladie exige la plus grande prudence dans l'administration de l'eau, etc... »

Camus , les Buron , Drouet , Gouët , Gigot-Suart et
tous les médecins d'aujourd'hui sont d'accord sur ce
point (1). L'année dernière , la société de médecine de
Toulouse , dont les membres s'occupent avec une sorte
de prédilection des questions thermales , a pour ainsi
dire reconnu officiellement cette démonstration comme
acquise à la science en nous accordant une médaille d'or
pour notre mémoire sur les eaux des Pyrénées ; dans ce
mémoire , qui est une monographie complète sur la station de Cauterets , nous soutenons justement la curabilité de la phthisie par les eaux sulfureuses et notamment
par la source de la Raillère.

Nous n'entendons pas dire que la guérison est la
règle ; au contraire, à côté d'un certain nombre de cures
heureuses , il faut enregistrer un grand nombre de cas
dans lesquels le malade était émacié , la maladie arrivée
à son dernier terme , le moment mal choisi pour la cure
thermale au point de vue du temps ou de l'évolution du
tubercule , le baigneur imprudent dans l'administration

---

(1) *Des indications particulières de l'eau de la Raillère* , par le docteur
Moine. Paris, 1875, G. Masson, éditeur.

des eaux , la pratique des excursions poussée jusqu'à l'abus, la vie à grandes guides reprise après le traitement, etc. Dans ces conditions , il évident qu'il ne faut pas compter sur la réussite.

Mais, dans un certain nombre de cas échappant aux catégories qui précèdent, nous avons vu la terrible maladie réduite à l'état stationnaire dans ses trois périodes, soit pour un temps limité, soit pendant une très longue série d'années , soit pour toujours. Comme nous le verrons dans les observations qui terminent ce chapitre , certains malades ont vécu phthisiques jusqu'à un âge assez avancé, malgré des conditions hygiéniques ou une position sociale contraires à l'amélioration de leur état. Tel malade, restauré par une saison, ne revient pas l'année suivante achever sa guérison, soit qu'il pense qu'il est désormais à l'abri de tout accident ou qu'il ne puisse faire les frais d'un second voyage, qui retourne auprès des sources après un intervalle d'un , de deux , de trois , de quatre ans et même plus. La cure thermale lui procure de nouveau la jouissance d'une bonne santé , quelquefois avec moins de succès, quelquefois plus complétement que son premier traitement. Certains malades viennent tous les ans remonter les forces de leur organisme, ravagé par la phthisie , et peuvent ainsi satisfaire aux exigences personnelles , familiales et sociales de la vie ; d'autres viennent tous les deux ans ; combien de gens qui se rendent ainsi aux eaux depuis vingt et même trente ans et qui déclarent qu'ils se sont mal trouvés d'une seule lacune dans la série de leurs voyages. Ainsi donc, la phthisie peut être tenue en respect pendant longtemps, à tous les moments de son évolution, surtout quand l'époque est bien choisie pour l'administration des eaux, que le malade a le soin de venir fortifier régulièrement son organisme fatigué et ses poumons attaqués et que sa raison l'habitue à mener une vie moins active qu'autrefois, à mieux distribuer l'emploi de son temps.

Mais la puissance curative des eaux ne se borne pas à arrêter temporairement et pour ainsi dire par à-coup l'évolution tuberculeuse au point où le traitement la trouve parvenue, elle peut l'enrayer pour toujours, soit que le tubercule demeure à l'état cru, soit qu'il se ramolisse, soit enfin qu'il se transforme et s'élimine.

Quelques distinctions sont toutefois nécessaires. Elles sont relatives aux diverses provenances de la phthisie, à ses formes variées, aux modifications imprimées à sa marche par le tempérament et la constitution du malade, au degré auquel elle se trouve parvenue.

Les eaux sulfureuses, et en particulier celles de Cauterets, sont éminemment utiles dans la période de l'affection qui nous occupe, alors que le tubercule est à l'état cru, quand les sujets atteints sont dans les conditions d'anémie qui accompagnent si souvent l'existence de la matière morbide ou en favorisent la production et les transformations. C'est en réveillant dans une mesure convenable l'activité languissante de toutes les fonctions, par leur action directe sur la nutrition, par leur action réflexe sur les sécrétions urinaire et cutanée, qu'elles signalent leur utilité dans ces circonstances. Par une meilleure élaboration des sucs réparateurs, une émonction plus parfaite, l'accomplissement plus facile et plus régulier de la menstruation, de la locomotion, etc., elles détournent des poumons les mouvements fluxionnaires et favorisent l'état d'immobilisation du tubercule. *A fortiori*, conviennent-elles aux sujets placés dans ces mauvaises conditions constitutionnelles, avant que le tubercule ait manifesté sa présence, quand on ne fait que la soupçonner ou la redouter par les apparences et par les antécédent héréditaires, ainsi qu'il a été dit précédemment.

A une époque plus avancée, on peut encore avantageusement recourir à ces eaux, quand la maladie existe chez un sujet mou, lymphatique ou fils de scrofuleux, peu excitable, et s'accompagne de fluxions catarrhales abondantes, d'amaigrissement, de faiblesses, de troubles digestifs, de sueurs. Par leurs effets généraux et par leur action élective sur le tissu pulmonaire et la muqueuse des bronches, elles produisent un effet hypercrinique, souvent un flux critique sur un organe éloigné, qui débarrasse l'organisme de la surcharge humorale; les téguments et la muqueuse broncho-pulmonaire éprouvent une activité fonctionnelle qui devient substitutive; l'innervation acquiert une force de résistance qui domine l'impressionnabilité de la peau. Celle-ci, raffermie contre les influences atmosphériques, exerce une émonction continue et prévient ainsi les fluxions internes, qui n'y suppléent qu'avec danger. Enfin, par son action spécifique, élective, sur la muqueuse respiratoire, l'agent hydro-sulfureux détermine la résolution des pro-

duits phlegmasiques qui enveloppent la masse tuberculeuse et fait qu'il ne reste plus dans les poumons, ainsi
que l'attestent les signes stéthoscopiques recueillis alors,
que des tubercules disséminés, rendus immobiles ou
bien passés à l'état crétacé, dès lors compatibles avec
les exigences de la santé ; ou bien encore les tubercules
sont ramollis, lentement évacués par points isolés, et
les excavations qui en résultent se cicatrisent.

Ces résultats sont plus fréquemment qu'on ne pense
obtenus par l'usage des eaux sulfureuses, sagement et
attentivement administrées ; mais c'est à la condition
qu'on n'ait pas attendu, pour les y conduire, que les
malades soient dans un état de marasme, de colliquation
et de fièvre hectique. Il en est de même dans les formes
de phthisie qui atteignent les individus sanguins et qui
se manifestent par des hémoptysies fréquentes et abondantes. Dans de telles conditions, les eaux n'ont plus
qu'à noyer le peu de vie qui reste, selon l'expression
pittoresque de Gustave Astrié.

Ces eaux peuvent encore être très utiles à l'espèce de
tuberculisation propre à certaines constitutions délicates
et nerveuses, espèce que caractérisent une toux sèche,
une irritation habituelle, une exhalation sanguine peu
fréquente. Cette forme correspond très souvent à l'arthritisme. L'emploi de la médication thermale demande
alors une grande prudence et de grands ménagements.
On conçoit combien facilement une dose trop forte ou
prise en temps inopportun peut provoquer la congestion
pulmonaire, habituelle ou imminente, et l'hémorrhagie

qui en est la conséquence ; tandis qu'une dose faible, encore secondée par l'action dérivative des demi-bains, de bains de jambes et même de douches générales tempérées, à jet bien brisé, peut détourner les mouvements fluxionnaires en les portant à la peau, régulariser l'innervation et augmenter la résistance de tout l'organisme.

Cette forme se rencontre assez fréquemment à Cauterets ; c'est à elle qu'Astrié (et nous-même avec lui) conseille d'appliquer le mode inhalatoire, l'action de l'hydrogène sulfuré, de l'azote et de la vapeur d'eau produisant sur les appareils respiratoire et circulatoire une action sédative marquée (1).

D'une manière générale, la phthisie d'origine arthritique, quel que soit l'aspect sous lequel elle se présente, à quelque période qu'elle se trouve, est celle qui présente le plus de chances de guérison.

Dans la phthisie d'origine syphilitique, les mêmes eaux activent d'une manière remarquable l'influence des mercuriaux et de l'iodure de potassium. Nous parlons ici des cas où la vérole, au lieu de porter son action sur les os, les muqueuses, la peau, les muscles, etc., s'attaque au parenchyme pulmonaire, avant d'avoir perdu son caractère spécifique. Mais dans ces conditions, les eaux sulfureuses, et à fortiori toutes les autres, ne doivent pas être employées seules ; en pareil cas, elles seraient plutôt nuisibles qu'utiles. En effet, en imprimant à

(1) Voir, dans notre cinquième édition sur les eaux de Cauterets, les chapitres relatifs à l'action physiologique des eaux de la station.

— 23 —

l'économie une activité nouvelle, elles développeraient
immédiatement ou ultérieurement un de ces retours
offensifs de la diathèse et, si les spécifiques n'étaient
alors immédiatement administrés, le malade serait
promptement mis en danger. On sait d'ailleurs que les
eaux sont justement une pierre de touche pour les personnes qui ont eu la syphilis : un grand nombre de gens du
monde qui ont été contaminés par cette maladie, viennent suivre un traitement avant de se marier. Il est
admis aujourd'hui que, si ce traitement ne provoque
aucun mouvement diathésique, aigu ou chronique, l'in-
téressé peut, sans danger pour sa postérité, contracter
les liens conjugaux. (1) Si, au contraire, il survient une
poussée, les spécifiques sont prescrits en même temps
que les eaux et la guérison est ainsi très rapide.

La tuberculisation se trouve fréquemment liée à l'herpétisme, c'est-à-dire à ce degré de dégénération où se
rencontrent les trois grandes diathèses dont il a été
question quand nous avons parlé des cures préventives
de la phthisie : scrofule, arthritisme, syphilis. Dans cet
état spécial, les manifestations de l'herpétisme, contra-
riées par une disposition organique ou des conditions
hygiéniques particulières, n'ont pu se produire à l'extérieur et elles frappent les organes de la respiration. Le
docteur Barret, qui a écrit un livre d'une grande valeur
sur les besoins morbides de l'organisme, a constaté que,

---

(1). Si l'on veut examiner la genèse de la phthisie par la syphilis, lire la thèse de
Montpellier qui a eu la médaille d'or en 1866 : *Études cliniques sur les causes et le
traitement de la phthisie*, par Augustin Vialettes, pages 97 et suivantes.

dans les familles où la tuberculose et l'herpétisme sont héréditaires, les enfants qui présentent des manifestations de celui-ci échappent à celle-là. On comprend combien les eaux sulfureuses peuvent être utiles en pareil cas, surtout employées de bonne heure, par l'activité qu'elles impriment à la peau et les poussées qu'elles y déterminent ; on doit à fortiori recommander aux malades de cette catégorie d'éviter la rétrocession de leurs dartres quand elles apparaissent, parce que cette rétrocession pourrait leur être fatale en produisant une crise aiguë du côté des poumons.

Dans tous les cas, on ne doit pas, nous l'avons déjà dit, agir avec vigueur et de vive force ; il faut être très-circonspect et laisser l'organisme bénéficier de soins appliqués avec méthode, avant de recommencer un autre traitement hydro-minéral ; quelquefois, en redoublant mal à propos une saison, on défait tout ce qu'on a obtenu et même l'on précipite la fonte tuberculeuse, sans espoir de l'arrêter dans sa marche ; d'autres fois, au contraire, il est nécessaire que le malade vienne tous les ans remonter ses forces, s'il ne veut pas que la lésion, jusqu'alors tenue en respect, se développe tout d'un coup avec vigueur et l'emporte rapidement.

Il convient de faire ici une observation qui permettra à la sagacité du médecin traitant et, plus tard, du médecin des eaux de s'exercer avec précision : la gravité du pronostic n'est pas en rapport avec le degré de la lésion pulmonaire, mais bien avec l'état constitutionnel, c'est-à-dire l'état général du malade. Tel phthisique, en effet,

arrivé à la dernière période de régression histologique,
offre plus de chances de guérison que tel autre qui se
trouve encore au premier degré de la tuberculose. La
phthisie est avant tout, en effet, une maladie diathésique
et, comme le dit M. Cazenave, « l'organisme est son
vassal ; le tubercule n'en est que le corollaire secon-
daire et éloigné, l'expression réduite et localisée, sa
coexistence même avec la maladie générale n'est pas
absolue, fatale. Ne trouvons-nous pas parfois, par excep-
tion il est vrai, des phthisies sans tubercules ? Ce n'est
donc pas, selon l'habitude suivie, d'après le degré d'évolution de la granulation exclusivement qu'il faut se
guider, mais il est nécessaire d'avoir l'œil fixé sur la
somme de vitalité, sur le degré de forces dont jouit
encore l'ensemble de l'organisme, sur le degré de résistance et de fermeté dont dispose le *substratum* vivant,
sur ce qui reste enfin de tissus sains autour de la lésion,
sur le *vita sana superstes in morbis* de la science
antique. » (1).

Si l'on ne tenait grand compte de pareilles conditions,
on ferait souvent fausse route aux dépens des malades.
Dans toutes les stations où se rendent les phthisiques,
on voit des personnes chez qui la lésion locale a été modifiée heureusement et qui, malgré cette apparence de
mieux-être, restent languissants et émaciés ; chez eux, la
diathèse compromet bientôt les effets locaux antiphymi-
ques de la médication thermale et fait surgir une nou-

---

(1). Les Eaux-Bonnes, dans la phthisie pulmonaire, par Cazenave (de la Roche).

velle poussée ulcéreuse. Chez d'autres au contraire, la lésion reste stationnaire ou se trouve faiblement influencée, tandis que les forces générales et l'habitude extérieure témoignent que les eaux ont relevé la vitalité de l'organisme. Dans ce dernier cas, le malade a beaucoup de chances de vivre long-temps, tandis que, dans le premier, il voit son mal le menacer à la façon de l'épée de Damoclès, et malheureusement le cheveu fatal se rompt quelquefois hâtivement. L'action des eaux sulfureuses est avant tout remontante et elle paralyse l'action générale de la diathèse, avant et plutôt qu'elle ne s'adresse au tubercule. On peut en citer comme preuve l'existence de tubercules crus chez des gens très âgés, qui sont morts d'une maladie accidentelle, et la présence d'immenses cavernes cicatrisées dans les poumons d'individus décédés à un âge avancé : là, l'organisme a immobilisé le tubercule, ici, il a pu l'éliminer et, par son travail de réparation, résister à l'auto-infection et guérir des plaies ulcéreuses. Nous répétons ce que nous avons dit en commençant : ce que l'organisme peut effectuer de lui-même, les eaux l'aident bien souvent à le faire, quand il resterait sans force pour opérer son salut, s'il restait abandonné à lui-même.

Cependant la phthisie héréditaire, quand on n'a pu l'empêcher de se développer au moyen d'un traitement préventif, offre une perspective fort triste ; elle a, en effet, un caractère évolutionnaire en général actif et les temps d'arrêt qu'on lui impose sont d'ordinaire plus courts que dans les autres provenances. Il existe des exceptions comme on le verra dans nos observations, au chapitre 3.

Après les eaux sulfureuses, celles qui paraissent avoir le plus d'influence sur la phthisie pulmonaire, sont les eaux bicarbonatées mixtes, parmi lesquelles nous nommerons le Mont-Dore et la Bourboule. Elles sont surtout utiles au début de la forme de phthisie qui est caractérisée par l'hyperémie et dans laquelle le système nerveux a subi de profondes atteintes, forme qui a souvent son origine dans la diathèse arthritique. Elles ont une influence moins marquée dans la forme scrofuleuse, dans la forme syphilitique et dans la phthisie herpétique.

Le groupe des eaux de l'Auvergne répond en apparence à des indications électives de premier ordre dans le traitement de cette maladie chronique : chlorurées sodiques, bicarbonatées, ferrugineuses et arsénicales, elles modifient les systèmes lymphatique, sanguin et nerveux ; le Mont-Dore arsénical est administré, en effet, dans les cas où il faut une action névrosthénique énergique ; l'eau bicarbonatée ferrugineuse de Royat convient davantage à l'état chloro-anémique ; la Bourboule s'adresse au système lymphatique, en raison des fortes proportions de chlorures qu'elle contient.

L'origine diathésique, la période et l'état évolutionnaire plus ou moins rapide de la phthisie, l'âge, les dispositions personnelles, les habitudes du malade sont quelquefois mal jugés et par suite l'indication des eaux sulfureuses des Pyrénées ou des eaux bicarbonatées mixtes de l'Auvergne est mal établie ; il en résulte des mécomptes. Tel malade qui a passé inutilement plusieurs années dans les stations du premier groupe, voit son état rapidement amélioré par une seule cure dans les villes thermales du second, et réciproquement. C'est particulièrement dans la phthisie arthritique et dans la forme d'herpétisme qui découle de l'arthritis que ces erreurs peuvent se produire.

En résumé, les eaux de l'Auvergne conviennent plus particulièrement au traitement de la phthisie arthritique et leur indication dans les autres provenances constitutionnelles n'est pas bien démontrée.

Les eaux des Pyrénées sont indiquées dans la phthisie sous ses divers aspects. Administrés seules, à l'intérieur ou à l'extérieur, elles rendent de très grands services dans la phthisie scrofuleuse, qui est la forme la plus rebelle (1); elles font merveille dans la forme arthritique et dans la forme herpétique ; employées concurremment avec les agents spécifiques de la syphilis, on les voit opérer de véritables résurrections et elles sont indiquées en pareil cas exclusivement à toutes les autres.

Si les eaux agissent seules d'une manière évidente, il n'est pas irrationnel de leur associer des médicaments et cette pratique, mise en usage par les médecins des siècles passés, est encore imitée avec succès par les hydrologues d'aujourd'hui. Grâce a la combinaison de ces divers agents, le malade peut gagner du temps pour récupérer ses forces, c'est-à-dire hâter son rétablissement.

---

(1) Avec la phthisie héréditaire.

CHAPITRE III.

OBSERVATIONS.

1re Observation. — Nous allons citer d'abord un
cas dans lequel les eaux ont ralenti d'une manière remarquable la marche de la diathèse pendant de longues
années, puis nous passerons à des cas de guérison.

M. A...., de Sarragosse, 51 ans ; tempérament très
lymphatique ; atteint de rhumatismes goutteux fréquents,
à forme sub-aiguë ou chronique, dans les articulations
des membres supérieurs et inférieurs ; sujet à la formation d'abcès dans différentes régions. Depuis longtemps adonné à une vie très active, ce malade travaille
beaucoup et il est arrivé à faire une situation brillante à
sa nombreuse famille. Douze ans avant son arrivée à
notre consultation, il s'est aperçu d'une tendance fréquente aux bronchites et depuis il a eu de nombreuses
hémoptysies, tantôt violentes, tantôt peu prononcées, et
des pneumonies lobulaires.

Pendant cette période de douze années, il est venu
plusieurs fois à Cauterets, où il a été soigné par le doc-

teur Gouët avec succès ; ses voyages étaient irréguliers et il ne recourait à la cure thermale que lorsque les manifestations de la tuberculose l'avaient menacé ou atteint pendant la saison froide. Tous les hivers, il faisait usage d'eau de la Raillère exportée. Chaque saison thermale était suivie d'une explosion rhumatismale.

Il vient nous consulter pour la première fois le 5 septembre 1873. A son arrivée, il a bon appétit, mais ses digestions sont laborieuses ; pouls normal ; hémoptysie 25 jours auparavant, toux grasse le matin, crachats abondants, compactes, nummulaires, jaunes, muco-purulents ; à gauche, matité dans la moitié inférieure du poumon ; à droite, matité dans tout le côté, râles cavernuleux dans l'inspiration avec broncho-pectoriloquie et respiration amphorique à l'angle interne de l'omoplate. Cette fonte tuberculeuse a été suivie d'une assez forte vomique après la dernière hémoptysie.

Après 24 jours d'un traitement qui a consisté en faibles doses d'eau minérale, de la Raillère et de Mauhourat, accompagnées de pédiluves quotidiens pendant une semaine, puis de 1/2 bains de 10 minutes suivis d'immersion complète, jusqu'au départ, le malade quitte Cauterets sans aucun râle ou craquement, il ne crache plus du tout ; la broncho-pectoriloquie et le souffle amphorique, dûs à la présence d'une excavation, persistent.

Prescription d'eau de la Raillère, pour porter la durée de la cure à 35 jours et pour faire un traitement de 20 jours à l'entrée de l'hiver.

Les effets de cette saison ont été excellents, et se sont maintenus pendant trois ans ; le rhumatisme a présenté des manifestations fréquentes et peu sérieuses jusqu'à l'hiver de 1875-76 ; il est même survenu du gravier et un petit calcul dans les urines au mois de février 1876. En mars, pneumonie à la suite d'un refroidissement. Cette atteinte viscérale a causé une grande perturbation générale et locale, et le malade nous arrive le 27 août 1876 en nous disant qu'il a craché du sang à diverses reprises. A l'examen de la poitrine, nous trouvons dans le côté gauche le murmure vésiculaire faible en bas, la respiration est bronchique au sommet, où l'on entend du râle cavernuleux. A droite, matité absolue du poumon dans la moitié inférieure, avec râles sous-crépitants moyens ; au sommet, il existe une grande caverne avec gargouillement, dont les signes sont perçus plus fortement derrière l'omoplate qu'au devant de la poitrine. L'appétit est très-bon, la digestion parfaite et le sommeil très régulier, malgré une expectoration abondante pendant l'état de veille. Sueurs abondantes ; faiblesse dans l'articulation tibio-tarsienne droite pendant la marche.

Le traitement consiste en 1/2 verre d'eau à la Raillère et à Mauhourat le matin, en pédiluves le soir pendant huit jours, remplacés plus tard par 1/2 bain suivi d'immersion complète, jusqu'au départ ; le malade séjourne plusieurs heures par jour à la piscine, afin d'y respirer les vapeurs aqueuses et sulfureuses de l'eau des Œufs. En même temps, il prend quatre granules de Fowler en deux fois, chaque jour. Au bout de dix jours, les crachats diminuent, les râles s'éclaircissent, puis disparaissent, il survient une plaque de psoriasis au niveau de l'épine iliaque antérieure et supérieure du côté droit.

Comme on le voit, après la cure de 1873, les eaux avaient remonté l'organisme au point de provoquer des manifestations arthritiques variées ; cette fois, les congestions locales accidentelles ayant étendu le champ de la fonte tuberculeuse et fatigué le malade, l'effet des eaux se fait encore sentir, mais il se borne à produire une arthritide ; en d'autres termes l'organisme, tout en bénéficiant certainement du traitement au point de vue local, ne peut remonter jusqu'à une crise rhumastismale, même à forme chronique, et c'est seulement à l'herpétisme, c'est-à-dire à une dégénération de l'arthritisme (dans l'espèce), qu'il peut arriver.

L'hiver suivant, broncho-pneumonie d'un mois 1/2 (en décembre et janvier). Le malade arrive à Cauterets dans l'état où il s'était présenté à la même époque en 1876 ; il crache assez abondamment le matin et pas du tout dans la journée. Même traitement hydro-minéral. Etat très satisfaisant au départ, puisqu'il n'y a plus d'expectoration, mais ils ne se produit aucune manifestation diathésique, c'est-à-dire que la lésion bénéficie de l'action élective de l'eau sur le poumon, mais l'organisme ne trouve plus la force de réagir vigoureusement.

Dès-lors, on peut prévoir que la vie aura une durée limitée, ainsi que nous l'avons fait remarquer dans le cours de ce travail, quand nous avons établi la différence qui peut exister entre l'état général et l'état local dans la phthisie.

Dans l'hiver de 1876-77, une légère pneumonie frappe le sommet gauche et le malade nous arrive avec une caverne bien définie en ce point (2 juillet 1877). Le reste des poumons n'a pas varié depuis la dernière saison. Les deux cavernes ne présentent d'ailleurs aucun râle, il n'y a pas d'expectoration ; cependant, au-dessous de la caverne du sommet droit, la plus ancienne, il existe quelques légers craquements secs, indiquant un travail d'évolution tuberculeuse. Il n'y a pas eu d'hémoptysie depuis l'avant dernière cure, l'hiver s'est passé sans manifestations arthritiques ; l'embonpoint, qui n'a jamais varié depuis que nous connaissons M. A...., est toujours le même. Traitement thermal comme les autres années. Excellent résultat.

L'hiver suivant, broncho-pneumonie tuberculeuse, qui se termine par la mort. (M. A.... avait 57 ans.)

Ainsi, voilà un malade qui a vécu dix-huit ans avec sa phthisie arthritique, grâce aux eaux de la Raillère et de Mauhourat, et il ne s'est occupé de traiter sa maladie qu'au début de la seconde période. Chaque fois qu'il s'est trouvé menacé et affaibli, il est venu à Cauterets et il s'en est très bien trouvé ; quoique avec l'âge l'organisme offrît moins de vitalité et n'eût plus assez de ressort pour donner lieu à des manifestations arthritiques antagonistes de la phthisie, les eaux ne lui ont pas moins permis de prolonger sa résistance et elle ont retardé la fonte des tubercules.

Nous avons un grand nombre d'observations dans le même genre et ces faits ne peuvent être rejetés, car des phthisiques, parents de ceux dont il s'agit, sont morts de bonne heure après avoir recouru seulement aux agents de la matière médicale.

PHTHISIE SCROFULEUSE

2me OBSERVATION. — *Phthisie scrofuleuse, au premier degré.* — Mlle D..., 22 ans. — Issue de parents lymphatiques ; coryza ulcéreux depuis très longtemps, croup à 12 ans, rhumes fréquents dans l'enfance ayant amené l'usage longtemps continué de l'huile de foie de morue ; scoliose de la colonne vertébrale à gauche ; leucorrhée presque continuelle avec pesanteur lombaire, menstrues abondantes et irrégulières. Lorsqu'elle nous consulte (14 août 1871), elle accuse : de la gastralgie, une faim très accentuée, alternant avec de l'anorexie, et une digestion lente. Il existe des granulations pharyngiennes, la voix s'enroue facilement ; la respiration est lente, l'expiration prolongée ; le murmure vésiculaire est faible, surtout au sommet gauche, où il devient très rude pendant les fortes inspirations ; obscurité à la percussion dans tout le côté droit ; submatité à la base du poumon gauche avec matité en haut, la voix vibre assez fortement à travers les parois thoraciques, de ce côté, et retentit à l'oreille ; la malade s'essouffle facilement ; crachats globuleux fréquents ; sensation de pesanteur dans le troisième espace inter-costal gauche, près du sternum. Le pouls ne présente rien de bien notable, si ce n'est qu'il se laisse déprimer assez facilement ; sommeil agité, entrecoupé par des rêves et des soubresauts, interrompu parfois par une toux sèche. Amaigrissement.

Traitement : Eau de César en boisson, à la dose d'un verre et demi par jour en deux fois ; bains de gorge et irrigations nasales ; bains de demi-heure à la Raillère. Après vingt jours de ce traitement, nous donnons, à la place des bains, des douches circulaires à épingles sur toute la surface du corps pendant 8 minutes, à la tem-pérature de 34°, et pendant deux minutes à 11° et à 38° alternativement (douche écossaise). La cure dure vingt-huit jours, les eaux en bouteilles sont prescrites pour l'hiver. Le fer à l'intérieur et des irrigations nasales iodiques ont été administrés concurremment. La malade s'est parfaitement trouvée de son traitement ; les pertes blanches se sont arrêtées très vite, le coryza a changé de caractère, l'appétit est devenu plus régulier, le sommeil est plus calme. Du côté de la poitrine, la percussion dénote un peu plus de sonorité qu'auparavant d'une manière générale, le murmure vésiculaire s'entend mieux et il est moins prolongé pendant l'expiration.

Nous avons eu plusieurs fois des nouvelles de cette personne. Ayant tiré un bénéfice marqué des eaux miné-rales et remonté son organisation appauvrie, elle a pro-fité de ce remontement pour suivre un régime tonique et substantiel, elle a mis en pratique une hygiène meilleure qu'auparavant et elle a pris, au commencement et à la fin de chaque hiver, de l'eau de César exportée. Elle a pu traverser aisément la période de neuf ans aujourd'hui écoulée; elle s'est mariée, a eu deux enfants et elle ne se plaint nullement de sa santé.

3me OBSERVATION. — *Phthisie scrofuleuse, au 2me degré.* — Mlle E...., institutrice, 32 ans. Vient nous consulter le 12 août 1870. Traitée antérieurement par une saison à Ems, dont elle s'est mal trouvée, elle se présente à nous avec les signes suivants : Tempérament scrofuleux (fille d'une mère scrofuleuse); coryzas fréquents dans l'enfance, qui ont été enrayés par le séjour au bord de la mer et l'usage de bains salés; goitre assez volumineux, dispositions à la conjonctivite et à la blépharite ciliaire. Rhumes fréquents, granulations au pharynx, congestion de la muqueuse du vestibule et des cordes vocales; voix fatiguée, parfois presque aphone, toux fréquente, grasse le matin, sèche dans le reste de la journée; douleurs erratiques autour de la poitrine et pesanteur fréquente sous la clavicule droite; matité légère dans tout le côté droit avec retentissement de la voix, surtout au sommet, où le murmure respiratoire est rude, même dans les inspirations faites sans effort; au côté gauche, matité peu prononcée en bas, bien plus marquée dans la moitié supérieure; la rudesse du murmure respiratoire est très accusée vers la quatrième côte, et plus haut il existe du souffle bronchique; on entend des craquements secs dans la fosse sous-épineuse, des craquements humides dans la fosse sus-épineuse et sous la clavicule, avec bronchophonie; crachats opaques, verdâtres. Le sommeil est agité, l'appétit faible et capricieux, la digestion se fait passablement, tendance à la constipation, parfois dévoiements liquides abondants; sueurs nocturnes.

Traitement : La malade commence par 1/4 de verre d'eau de la Raillère et de Mauhourat le matin, puis 1/2 Raillère et 1/2 Mauhourat, enfin 3/4 aux deux sources jusqu'au départ; pédiluve à l'eau minérale chaque soir, pendant onze jours, remplacé par des bains à la Raillère pendant le même laps de temps, puis par des bains à César pendant quatre jours. Sous l'influence du traitement, amélioration très rapide; le Dr Gouët, qui nous remplace pendant que nous allons reprendre du service dans la marine, a écrit sur notre cahier d'observation que l'auscultation au vingtième jour dénotait la cessation des craquements secs et la rareté des craquements humides, l'expectoration se réduisant à trois ou quatre crachats le matin. Au départ, tout avait disparu.

Cette malade revient tous les ans à Cauterets et elle ne présente ni craquemenis ni expectoration depuis cette époque; son état général est satisfaisant; elle ne se préoccupe que de ses granulations, dont la profession d'institutrice renouvelle l'hyperémie.

4e OBSERVATION. — *Phthisie scrofuleuse, au début de la 3e période.* — M. T..., cultivateur, scrofuleux, fils de scrofuleux. Enfance sujette à des manifestations diathésiques sur les diverses muqueuses. Se présente à nous le 27 juillet 1871, avec otorrhée de mauvaise nature, perforation du tympan, carie de l'apophyse mastoïde du côté gauche ; appétit capricieux, sommeil assez bon, sueurs nocturnes. Obscurité générale à la percussion et murmure respiratoire légèrement affaibli dans le côté droit. A gauche, matité dans tout le côté, très prononcée au sommet du poumon ; murmure respiratoire affaibli, retentissement de la voix et épaississement de la plèvre en bas et en arrière ; — respiration saccadée et rude en bas et en avant, sous les quatre premières côtes et dans la fosse sus-épineuse. Respiration bronchique, broncho-pectoriloquie, râles cavernuleux tout à fait au sommet, sous-crépitant moyen au niveau de l'épine de l'omoplate. Expectoration assez abondante, compacte, muco-purulente, quintes de toux le matin, toux rare dans la journée. Comme les malades des observations 1, 2 et 3, jamais d'hémoptysie. Pas de fièvre.

Traitement : un verre à la Raillère et à Mauhourat ; pendant tout le séjour à Cauterets. Injections d'eau de la Raillère dans les oreilles ; pédiluve les cinq premiers soirs ; pendant tout le traitement, 1/2 bain de 10 minutes, puis immersion complète de 15 minutes, à la température de 35 degrés. Le malade, au bout de 28 jours, ne crache plus et ne présente que quelques craquements secs dans l'espace inter-scapulo-claviculaire gauche ; l'écoulement de l'oreille fournit un pus de bonne nature et moins abondant. Prescription d'un régime général tonique, de l'hydrothérapie, si c'est possible, de l'huile de foie de morue, des eaux sulfureuses transportées, en boisson et en injections dans l'oreille malade.

Nous avons su, l'an dernier, que ce malade n'est jamais revenu à Cauterets : le résultat s'est maintenu du côté de la poitrine, mais la carie de l'apophise mastoïde, quoique diminuée, persiste toujours. Le malade, qui ne travaillait plus depuis de longues années, est relativement vigoureux, cultive la terre et ne crache pas du tout.

5e OBSERVATION. — *Phthisie scrofuleuse, au 2me et au 3me degrés.* — M. L...., 20 ans, industriel. Fils de mère lymphatique, tempérament scrofuleux, tendance aux rhumes et aux coryzas, pendant toute l'enfance, engorgements fréquents du système glanduleux, croissance rapide ; acné facialis pendant toute l'adolescence, rougeole à 10 ans ; pharyngite granuleuse. Au moment où il nous consulte (11 août 1871), ce malade déclare qu'il a eu une assez forte hémoptysie un an auparavant et qu'il s'est aperçu depuis plusieurs années qu'il souffrait de la poitrine. Sub-matité dans le côté gauche, rudesse de la respiration, bronchophonie et craquements humides sous l'omoplate ; matité au sommet du poumon droit avec respiration bronchique, broncho-pectoriloquie et râles cavernuleux. Expectoration abondante, muco-purulente. Le larynx présente une coloration foncée, il est sensible au toucher. Appétit excellent, digestion bonne, sommeil paisible. Le malade use largement de l'huile de foie de morue.

Traitement : Dose maxima en boisson, 3/4 de verre à

la Raillère et 1/2 verre à Mauhourat ; le matin, bains de gorge, 1/2 bain suivi d'immersion complète pendant les premiers jours, bains entiers dans la suite , pédiluve tous les soirs. Au départ, plus de craquements au sommet gauche, le murmure vésiculaire est presque normal, il reste encore de l'obscurité à la percussion; — à droite, plus de râles, il reste seulement quelques craquements humides.

Retour à Cauterets en 1877 ; après un intervalle de six ans, le malade, fatigué par ses travaux professionnels, vient nous revoir. Le côté gauche présente une respiration normale , mais il existe de la submatité à la percussion. A droite, même état qu'au départ en 1871 , moins les craquements humides ; expiration prolongée.

Le malade revient à Cauterets en 1879 , par reconnaissance, dit-il. Il est marié et se porte très-bien , son embonpoint est remarquable, son teint excellent. Pas d'expectoration ; même état des poumons qu'à la fin de 1871 et qu'en 1877. M. L... prend de l'eau de Cauterets tous les hivers, et, après cette cure , de l'huile de foie de morue à hautes doses.

Voilà donc un malade qui présentait des tubercules ramollis, au sommet du poumon gauche, et des tubercules à l'état de fonte purulente avec une excavation ulcéreuse, au sommet du poumon droit. Dans une première saison, le résultat est obtenu promptement , il ne s'est point démenti depuis cette époque, c'est-à-dire depuis neuf ans. Le travail de ramollissement a été arrêté à gauche ; les tubercules sont probablement pénétrés de calcaire , car la respiration est bonne et l'obscurité est devenue de la submatité ; à droite, la fonte est arrêtée, la plaie ulcéreuse est cicatrisée et la caverne est sèche.

PHTHISIE ARTHRITIQUE.

6ᵉ Observation. — *Phthisie arthritique, au premier degré.* — M. L.... 27 ans, négociant. — Son père est mort de phthisie pulmonaire, sa mère est arthritique ; tempérament nervo-bilieux. Vient nous voir le 25 juillet 1872, accompagné de sa sœur, sur le compte de laquelle nous reviendrons plus loin. Ce jeune homme a eu de l'endocardite à forme chronique dans son enfance, il porte encore les traces de vésicatoires appliqués à cette époque sur la région précordiale ; coryza fréquent, habitude invétérée de la cigarette, dont la fumée est aspirée ; excès de toutes sortes depuis la sortie du collège ; hémoptysie à 17 ans. A l'arrivée, nous constatons : pityriasis abondant à la tête et sur la poitrine, pharyngo-laryngite chronique, la voix est un peu éraillée. Submatité dans tout le haut du poumon droit avec murmure respiratoire affaibli et résonnance de la voix. A droite, matité légère, retentissement très marqué de la voix, respiration rude et même bronchique en quelques points. Toux sèche, fréquente ; expectoration riziforme dans le jour, bronchique le matin. Anhélation, expiration prolongée. Le malade dort mal, il mange médiocrement.

Traitement : Défense d'aspirer la fumée de la cigarette ; gargarismes avec teinture d'iode ; dose maxima d'eau minérale en boisson , un verre à la Raillère et un à Mauhourat le matin, demi à César le soir ; demi-bain de dix minutes, suivi d'immersion complète de vingt minutes, à la Raillère , tous les matins. Après vingt jours de ce régime, scrupuleusement suivi , M. L... part en respirant beaucoup plus facilement, le murmure vésiculaire s'est étendu et régularisé, l'expiration est égale à l'inspiration, les fonctions de la digestion se font mieux.

Nous n'avions pas vu ce malade depuis 1871. En 1877, il vint nous voir pour nous consulter au sujet de sa femme , de sa mère et de sa sœur. Après avoir examiné ces personnes , qui étaient assez malades, nous lui proposâmes de l'ausculter, pensant trouver chez lui quelques désordres du côté de la poitrine ; il s'y résolut à grand'peine , déclarant qu'il était très bien. En effet , il respirait parfaitement et, n'était l'obscurité générale , perçue dans tout le thorax et indiquant la présence de l'ennemi latent , on n'aurait pu le croire tuberculeux. Il avait renoncé à l'usage des aspirations de la cigarette et pris de l'eau de la Raillère en bouteilles pendant plusieurs hivers.

On va voir la différence que présentait l'état de sa sœur, qui avait 24 ans en 1871; elle avait en ce temps-là bon appétit et dormait bien ; après avoir eu des rhumatismes articulaires en 1867 et un faible crachement de sang en février 1872 , elle était devenue anémique et leucorrhéique. Elle suivit le même traitement que son frère et s'en trouva bien elle aussi. Quand elle vint nous revoir, en 1877, elle avait une grande caverne dans le sommet de chaque poumon et son état général était très-mauvais. Nous apprîmes qu'elle avait négligé une bronchite amenée par un refroidissement, en 1876, et que depuis elle avait eu plusieurs hémoptysies. Cette pauvre jeune fille est morte l'hiver suivant (décembre 1877).

Ainsi, voilà un frère et une sœur, enfants de même père et de même mère : tous deux héritent à la fois de l'arthritisme maternel ; le fils, né le premier, par conséquent à un âge où le père était moins atteint, résiste à la phthisie depuis sa saison de 1872 et il reste vigoureux ; chez la jeune fille, née quand la maladie du père était plus avancée, la phthisie, quoique arrêtée pendant quelques années par l'eau de Cauterets, précipite plus tard ses évolutions, à l'occasion d'un refroidissement suivi de congestion.

7ᵐᵉ OBSERVATION. — *Phthisie arthritique, au second degré.* — M. M..., avoué, 33 ans. Issu d'une famille de rhumatisants et de goutteux, tempérament lymphatico-nerveux, caractère inquiet, irritable. A son arrivée (25 août 1872), ce malade nous raconte qu'à 20 ans il a eu dans la fosse iliaque droite un abcès qui a failli l'emporter ; cet abcès s'est ouvert dans l'intestin ; pendant deux ans les souffrances ont été vives ; le contact du pus et les désordres locaux causés par l'abcès ont donné lieu à une entérite grave, qui a guéri difficilement. Après cette pénible maladie, M. M... a été assez bien portant pendant deux ans, puis il s'est marié. Plus tard, il a eu une fistule à l'anus, dont il a été opéré avec succès. En 1870, bronchite très longue dont il a souffert presque toute l'année. En 1871, engouement du poumon droit. Cette année (1872), toux laryngée et crachats gris et verts, développés à la suite d'excès de travail professionnel: la voix devient rauque très facilement; amaigrissement, sueurs nocturnes, fatigue, impressionnabilité nerveuse à forme hystérique, appétit diminué, digestion lente, sommeil agité. Submatité dans le haut du côté gauche, avec respiration un peu affaiblie. A droite, matité sous la clavicule, submatité en bas; dans le sommet, il existe des craquements secs pendant la respiration, et quelques rares craquements humides pendant la toux, vibrations thoraciques très prononcées et bronchophonie dans le troisième espace intercostal; un peu de sibilance dans les tuyaux bronchiques, aux deux sommets.

Traitement : Le malade boit un verre d'eau de César le matin et un verre d'eau de la Raillère, suivis d'un verre à Mauhourat le matin; bains de gorge matin et soir; quinze bains à la Raillère, puis cinq douches tempérées, à jet brisé, de dix minutes, aux Œufs, administrés le matin; huit douches pharyngiennes au tamis, en deux séries de quatre, séparées par un intervalle de quatre jours.

Sous l'influence de ce traitement, M. M... s'est rétabli. Il a, sur notre conseil, abandonné sa profession et il est devenu juge de paix, situation qui lui permet de vivre en dépensant beaucoup moins ses forces. Depuis cette époque, il s'est toujours bien porté.

8me OBSERVATION. — *Phthisie arthritique, au 3me degré.* — M. P..... notaire, 33 ans. — Issu d'une mère très souvent atteinte de rhumatismes, tempérament lymphatico-nerveux. Fréquentes migraines dans son enfance ; plus tard, douleurs rhumatismales aux articulations scapulo-humérales et dans les muscles du cou, puis sciatique à droite ; une tache de psoriasis un an avant de venir à Cauterets, laquelle tache a disparu seule. Le malade nous consulte le 3 juillet 1873. Il déclare qu'il n'a pas eu d'hémoptysie, mais qu'il a souvent des hémorrhoïdes externes. Sa voix se voile facilement et, dans ces moments, il éprouve une certaine gêne pour respirer ; essoufflement, rendant la marche pénible ; grande caverne au sommet du poumon droit, présentant les signes classiques avec expectoration purulente, abondante ; angine granuleuse.

Traitement : Un verre d'eau de Mauhourat le matin, un demi-verre à César le soir ; bains de gorge à la Raillère ; tous les jours un bain tempéré à l'établissement des Œufs, suivi d'une douche en baignoire, qui dure 10 minutes, et porte sur la moitié inférieure du corps ; — sirop de Portal. Pendant la cure, l'expectoration diminue graduellement, le gargouillement passe à l'état de râle sous-crépitant à grosses, puis à moyennes bulles, puis on n'entend plus de râle du tout ; il reste du souffle amphorique et de la pectoriloquie. Le malade va, l'année suivante, aux Eaux-Bonnes et se contente d'y boire de faibles doses d'eau minérale. Nous le revoyons en 1877 : il a un teint superbe et un embompoint remarquable ; la caverne est restée cicatrisée, M. P... n'est jamais indisposé. Nous devons dire que les douches sur les membres inférieurs avaient déterminé une poussée hémorrhoïdale ; depuis ce temps, le malade, qui a compris de quel secours lui a été cette dérivation fluxionnaire, a eu recours plus d'une fois aux révulsifs sur les pieds quand il sentait des phénomènes de congestion vers le thorax.

En 1877, il prend encore des douches, qui déterminent une nouvelle fluxion sur le rectum, et il nous quitte après un court séjour, pendant lequel il se trouve très-vigoureux.

PHTHISIE SYPHILITIQUE

9me OBSERVATION. — *Phthisie syphilitique, au 1er degré.* — M. L....., se présente à notre consultation, le 5 juillet 1872. Agé de 33 ans, tempérament lymphatique; pas de maladie héréditaire dans la famille. Beaucoup de peines morales, excès de jeunesse, usage immodéré du tabac ; a eu de l'ataxie locomotrice pendant près d'une année, vers l'âge de 20 ans. En 1856, chancre, puis végétations à la verge ; traitement mercuriel, dont l'efficacité paraît complète au bout d'un certain temps. En 1870, herpès du prépuce, aphtes fréquents sur les bords de la langue et sur les parois internes des joues, granulations nombreuses et une plaque muqueuse à l'isthme du gosier. Nous constatons, en 1872, de la matité, une faiblesse respiratoire marquée dans les inspirations douces et de la rudesse dans les inspirations forcées, au sommet du poumon gauche ; dépression sous-claviculaire jusqu'au 3me espace intercostal ; il existe dans cette partie une résonnance prononcée de la voix et les vibrations thoraciques y sont très fortes sous la main de l'explorateur ; crachats granuleux et bronchiques surtout le matin ; essoufflement pendant la marche.

Dépression des forces par périodes irrégulières, agitation la nuit, appétit capricieux, digestion pénible, quelquefois des palpitations ; le malade dit avoir craché du sang.

Traitement : sirop de Boutigny ; eau de la Raillère et de Mauhourat le matin, eau de César le soir, en moyenne deux verres par jour en tout ; larges bains de gorge aux mêmes sources. Quatre bains à la Raillère, puis 4 douches aux Œufs, plus tard bain et douche aux œufs pendant 10 jours, enfin 4 bains au Petit St-Sauveur (à cause de l'excitation générale qui s'est produite). Au départ, nous recommandons : hydrothérapie simple, eau de Mauhourat tous les jours en septembre et octobre, eau d'Orezza au repas. Le malade est bien : la plaque muqueuse a disparu, les crachats également, les forces sont revenues, l'appétit est très bon. Au sommet gauche, la matité s'est amoindrie, la respiration se fait plus facilement, la résonnance de la voix est plus faible, mais aucun des signes déjà signalés n'a cessé d'exister.

Retour de M. L..... en 1873. Aucun accident syphilitique depuis l'an dernier ; l'estomac est souvent gonflé et douloureux ; fatigue générale, occasionnée par un travail très actif et des excès de coït. Au poumon droit l'état de choses est absolument pareil à ce qu'il était après la saison précédente ; les granulations pharyngiennes ont laissé le malade plus tranquille.

Traitement : A l'intérieur, mêmes doses que l'an passé aux mêmes sources, larges bains de gorge à la Raillère seulement, 15 bains de piscine, et 10 douches aux Œufs, douches pharyngiennes au tamis. Le malade part en bonne santé. Nous l'avons souvent rencontré depuis cette époque et nous avons constaté à chaque fois que sa gorge va bien, qu'il n'est plus sujet aux aphtes, que son estomac fonctionne parfaitement et que son état général est satisfaisant. Du côté de la poitrine, les mêmes signes, atténués, sont toujours observés, les tubercules crus du sommet gauche sont arrêtés dans leur évolution et la zône qu'ils occupaient primitivement ne s'est point étendue.

10ᵐᵉ OBSERVATION. — *Phthisie syphilitique, au 2ᵐᵉ degré.* — M. A..... — Tempérament nervoso-bilieux, pas d'antécédents tuberculeux dans la famille, dont les membres sont généralement vigoureux ; 41 ans. — Dans l'enfance, fièvre intermittente qui a poursuivi le malade jusque vers l'âge de 30 ans par périodes actives alternant avec des intervalles de repos assez longs ; fièvre rémittente bilieuse vers l'âge de 22 ans, pendant que M. A.... était étudiant ; vers l'âge de 25 ans, fréquentes névralgies intestinale et cardiaque ; à la même époque, mais postérieurement à l'invasion de ces névralgies, chancre induré suivi d'accidents secondaires seulement, grâce à un traitement énergique. Pendant les manifestations secondaires de la syphilis, M. A... — se livre avec excès à l'exercice du chant et il voit survenir une laryngite sub-aiguë, qui dure cinq ans. Il va d'abord aux Eaux-Bonnes, qui le fatiguent beaucoup, puis au Mont-Dore pendant trois ans ; l'état de sa gorge se trouve amélioré ; mais depuis cette époque, c'est-à-dire depuis l'âge de 30 ans, le malade se sent affaibli d'une manière générale, il est en proie à un nervosisme intense. On l'envoie à Aix (en Savoie), où il fait cinq cures thermales. Après la cinquième saison, il se trouve dans une très bonne situation.

L'hiver qui suit la 5me cure à Aix, il contracte une pleurésie du côté gauche, qui se résout assez promptement. Pendant cinq ou six ans, de 1862 à 1867, travail très actif qui amène une grande fatigue avec éruption d'herpès et de plaques muqueuses dans la bouche ; nouveau traitement spécifique. En 1867, état dyspeptique très marqué, à la suite de ce traitement, de fatigues continuelles et aussi de tout ce passé pathologique. Cette dyspepsie disparaît au bout de 3 ans (1870), grâce à une hygiène sévère et à plus de ménagements. Enfin, dans l'hiver de 1870-71, refroidissement subit, qui provoque une laryngo-bronchite profonde. Le malade n'a jamais eu d'hémoptysie.

Le 9 septembre 1871, il vient à Cauterets et se présente à nous avec les signes et symptômes suivants : sueurs nocturnes, sommeil agité et interrompu par des cauchemars, appétit faible et capricieux, digestion paresseuse, mouvement fébrile le soir ; aphonie, essoufflement, dépression sous-claviculaire au sommet gauche, accompagnée de submatité, de bronchophonie et de respiration bronchique ; craquements secs au niveau de l'épine de l'omoplate, craquements humides dans la fosse sus-épineuse ; crachats perlés et chachats muqueux dans la journée, plusieurs crachats muco-purulents au réveil ; la muqueuse du pharynx et du larynx est hyperémiée et granuleuse.

Traitement : boit 1/4 de verre à la Raillère et 1/2 à Mauhourat le matin, 1/4 verre à César le soir ; gargarismes à la Raillère et à César ; bain à mi-corps, de 10 minutes, suivi d'immersion complète de 20 minutes, à la Raillère ; aspiration de vapeurs sulfureuses. Au bout de quatre jours, le mouvement fébrile du soir ne reparaît plus, alors 1/2 verre aux trois sources, bain suivi d'une faible douche tempérée, à César, le matin, et pédiluve le soir ; douche pharyngienne au tamis. Après quatre jours de ce traitement, amélioration sensible de l'état général et de l'état local (dans tout l'appareil respiratoire). Mêmes doses à boire, mêmes bains de gorge ; l'inhalation, la douche pharyngienne et le pédiluve sont maintenus ; nous donnons un bain aux Œufs, suivi d'une grande douche tempérée, de 10 minutes. Pendant les dix derniers jours, le traitement est le même excepté pour la douche : nous remplaçons la douche tempérée par une douche à jets alternés de 5 minutes (jet chaud à 40 degrés, jet froid à 10 degrés).

Concurremment, sirop de Portal additionné d'iodure de potassium, applications d'une solution argentique sur le pharynx, plus tard gargarisme à la teinture d'iode ; badigeonnages avec la teinture d'iode sur la trachée et sur le haut du sternum à gauche.

A la suite de ce traitement, pendant lequel l'amélioration a marché avec une rapidité surprenante, le malade parle, ne crache plus dans la journée et n'expectore que deux ou trois crachats muqueux le matin, il n'est plus essoufflé, les craquements secs ont disparu, les craquements humides sont remplacés par une assez forte rudesse du murmure vésiculaire, la bronchophonie est moindre, la respiration reste bronchique ; l'injection et le gonflement de la muqueuse laryngo-pharyngienne sont bien moins accentués. Quant à l'état général, il est excellent. Il faut dire que ce malade a suivi son traitement d'une manière précise et rigoureuse.

De retour chez lui, il a suivi nos prescriptions, soumises à l'examen de son médecin traitant : hydrothérapie, saison avec eau de la Raillère exportée, tous les hivers pendant cinq ans, régime de viandes, ménagements de toutes sortes, etc. Nous voyons ce malade presque tous les ans et nous déclarons que ce succès ne s'est pas démenti.

PHTHISIE HERPÉTIQUE

11me OBSERVATION. — *Phthisie herpétique d'origine
arthritique, au 1er degré.* — M. F..., ancien carossier,
53 ans. — Tempérament bilieux et lymphatique, a eu
dans son enfance des gonflements ganglionnaires au cou
et de l'ictère (à l'âge de 4 ans). A 13 ans, pneumonie du
côté gauche ; a eu deux fois de l'érysipèle de la face et
souvent de l'eczéma du scrotum ; fréquentes douleurs
musculaires et articulaires (aux poignets particulièrement), crampes dans les fléchisseurs des mains, douleurs
à la plante des pieds, migraines ; nervosisme prononcé.
Digestion lente avec bon appétit, sommeil assez bon. N'a
jamais eu la syphilis ; bronchite catarrhale dans l'hiver
de 1870-71, à l'âge de 52 ans 1/2.

Examen du malade, le 15 août 1871 : angine granuleuse, voix rauque, toux laryngienne, congestion de la
muqueuse du larynx ; crachats grisâtres et globuleux
dans la journée, muqueux le matin ; dépression sous-
claviculaire à gauche, avec submatité, résonnance de la
voix, murmure vésiculaire affaibli dans les petites inspirations, rude et accompagné de craquements secs dans
les grands mouvements respiratoires ; à droite, mêmes
signes, moins marqués ; expiration beaucoup plus longue
que le 1er temps; essoufflements, douleurs intercostales à
gauche, maigreur extrême, faciès très fatigué.

Traitement : le malade boit nos eaux qui ont le plus
d'alcalinité (1 verre à Mauhourat et à César), bains de

gorge à la Raillère ; 8 grands bains à la Raillère ; 4 douches en cercle, tempérées, de 15 minutes ; puis 8 douches à jet brisé, de 10 minutes, aux Œufs.

Sous l'influence de ces soins, les forces se relèvent, la voix revient, la congestion du larynx et des sommets pulmonaires s'atténue. Le malade part en bonne santé. Nous l'avons vu revenir plusieurs années à Cauterets, où il se soignait seul ; puis il n'est plus revenu. Nous avons su par hasard, il y a quelques mois, qu'il est bien portant.

12me OBSERVATION. — *Phthisie herpétique, au 2me degré.* — M. G..., négociant, 51 ans. — Vient nous voir le 11 août 1871. Tempérament bilio-nerveux, enfance chétive, sans maladie sérieuse ; eczéma du nez et de la lèvre supérieure vers l'âge de 12 ans. Pas de syphilis. En 1868, grippe violente, suivie plus tard d'une grande disposition aux rhumes ; parfois M. G... expectore des crachats rouillés ; dix jours avant son arrivée à Cauterets, le malade a une abondante hémoptysie, à plusieurs reprises ; le sang est noir et épais, non spumeux. Toux fréquente, crachats jaune-verdâtres, muco-purulents ; submatité et dépression sous-claviculaire, surtout à gauche, murmure respiratoire affaibli, rude dans les grandes inspirations, râle sous-crépitant fin au sommet gauche avec bronchophonie prononcée, craquements secs et humides au sommet droit ; appétit nul, sommeil agité, impressionnabilité nerveuse ; angine granuleuse herpétique.

Traitement : Dose maxima d'eau en boisson, 1/2 verre d'eau de la Raillère et 1/2 de Mauhourat ; bains de gorge à la Raillère ; 21 bains à cette source, décomposés en 1/2 bain pendant 10 minutes et bain entier pendant 20 minutes ; pédiluve à eau courante tous les soirs ; inhalation en chambre de vapeur d'eau minérale de César. Au bout du 18ᵐᵉ jour, petit mouvement de fièvre thermale, qui dure 24 heures ; le 22ᵐᵉ jour, émission de quelques crachats sanglants et pouls à 104, à la suite d'une marche rapide : perchlorure de fer et révulsifs, puis émétique à doses rasoriennes. Reprise du traitement thermal pendant 8 jours. Au départ, la respiration est beaucoup plus développée, les râles ont disparu.

Ce malade, qui n'est jamais revenu et s'est contenté de boire pendant plusieurs hivers de l'eau de la Raillère exportée, nous a fait savoir qu'il conserve de Cauterets un reconnaissant souvenir et qu'il n'a plus besoin d'y revenir.

13ᵐᵉ OBSERVATION. — *Phthisie herpétique, au 3ᵉ degré.* — M. S.... 54 ans, commerçant, tempérament bilieux. — Sujet à diverses éruptions pendant son enfance et son adolescence, vie sédentaire, abus des exercices vocaux à partir du 25 août. Angine herpétique en 1867, avec aphonie et phthisie au 2ᵉ degré. Soigné à Cauterets en 1868 et 1869 par notre ami le Dʳ Gouët avec un plein succès. Écarts de régime dans l'hiver de 1869-70, avec pneumonie tuberculeuse double limitée aux sommets. Nous voyons le malade en 1870 ; il a une caverne considérable au sommet droit et un commencement de désagrégation pulmonaire à forme encore celluleuse au sommet gauche.

Traitement : boit un verre à la Raillère et à Mauhourat, se gargarise à ces deux sources et à celle de César ; 8 bains entiers à la Raillère, puis 4 bains à César (par 1/2 bain de dix minutes, suivi d'immersion complète de vingt minutes) ; bain de pieds à eau courante le soir, gargarisme iodé au début du traitement, révulsifs sur le haut de la poitrine et sur la trachée. — Le malade part dans un état satisfaisant.

Nous le revoyons en 1871 ; il se soigne seul en 1872, 73, 74 ; en 1875, après un hiver pénible, pendant lequel il a perdu plusieurs membres de sa famille, il est repris d'aphonie sans congestion pulmonaire et revient nous consulter. Les poumons sont dans le même état qu'après la saison de 1870, ils ne présentent aucun râle, il n'existe pas d'expectoration ; la caverne du sommet droit offre une pectoriloquie et un souffle amphorique très intenses ; le sommet gauche présente de la broncho-pectoriloquie avec respiration bronchique. Après un nouveau traitement, semblable à celui que nous avons déjà fait suivre, le malade recouvre la parole.

Nous le voyons tous les ans à Cauterets et, quoiqu'il se soigne tout seul, il a l'obligeance de se faire ausculter par nous à chaque voyage, *pour la curiosité du fait,* comme il dit.

PHTHISIE PAR USURE PHYSIOLOGIQUE

14me Observation. — *Phthisie par usure physiolo-gique, au 2e degré.* — M. E..., ancien officier, 68 ans.

Nous consulte le 6 juillet 1870. Pas d'antécédents tuberculeux dans la famille, tempérament bilio-nerveux. Existence très pénible pendant qu'il était au service ; à 30 ans, bronchite aiguë généralisée ; depuis ce temps, susceptibilité aux rhumes et aux mouvements congestifs du côté de la poitrine ; en 1869, c'est-à-dire à 67 ans, bronchite catarrhale, au commencement de 1870, assez forte hémoptysie.

A son arrivée, le malade se traite seul pendant une semaine et, d'emblée, boit plusieurs verres d'eau par jour ; il éprouve une forte douleur sous-sternale, voit du sang dans ses crachats et vient nous demander une direction. Nous constatons : matité dans la partie supérieure de la poitrine, avec résonnance de la voix, râles sous-crépitants fins et moyens, toux fréquente, crachats épais, non aérés, jaunes, purulents ; sueurs nocturnes, dyspepsie, teint terreux.

Nous lui faisons prendre un repos de deux jours, avec pédiluve à eau courante, le soir, à César, et pommade d'Autenrieth sur le haut du thorax. Il reprend son traitement par un verre d'eau à la Raillère, y ajoute deux jours après un verre à Mauhourat, pousse plus tard jusqu'à un verre et demi à chaque source et termine la saison en revenant à un verre pendant trois jours. En même temps, bains de gorge à la Raillère ; tous les matins, bain de 1/2 heure au Rocher dans les premiers jours, à la Raillère les jours suivants ; pédiluve tous les soirs. Après vingt-cinq jours de traitement, il part avec des crachats simplement muqueux, aérés (excepté ceux

du matin); il tousse fort peu, mange bien et dort paisi-
blement.

L'hiver, il fait une saison de vingt jours avec l'eau de
la Raillère transportée, bue le matin.

Retour du malade le 2 juillet 1871. Il ne présente plus
que les signes suivants : obscurité à la percussion ; ni
râles, ni craquements, murmure respiratoire un peu
rude, résonnance faible de la voix ; appétit bon, embonpoint notable ; plus de sueurs nocturnes ; pas eu d'hémoptysie ; dépression sous-claviculaire persistante.

Afin de ne pas provoquer de molimen hémorrhagique,
nous lui faisons suivre un traitement plus faible que
l'année précédente ; il ne boit que deux verres au
maximum ; il use de gargarismes, prend le matin un
demi-bain de 15 minutes suivi d'immersion complète de
20 minutes à César ; le soir, pédiluve de 5 minutes. Il
part dans le même état au point de vue local, ses forces
sont encore augmentées. Nous lui conseillons de ne plus
revenir à Cauterets, à moins d'accidents nouveaux dus à
des causes accidentelles.

Depuis, nous avons eu fréquemment des nouvelles de
cet officier, allié à notre famille ; il se porte parfaitement
et présente toujours une plus grande condensation des
tissus au sommet du poumon droit.

Dans ce cas, les tubercules, limités à cette partie
d'organe et probablement dissiminés, ont causé par leur
ramollissement et leur fonte une hémoptysie sans conséquence sérieuse, puis s'est opéré le travail cicatriciel
sous l'influence des eaux ; les mouvements congestifs

provoqués dans le tissu pulmonaire ont pris fin avec cette évolution limitée. Il reste, sans doute, d'autres tubercules crus dans le voisinage des anciens, mais ils sont dans le *statu quo* et la diathèse n'a fait pulluler son produit morbide ni vers la base du poumon attaqué, ni dans l'autre poumon.

15e Observation. — *Phthisie par usure physiologique, au 3e degré.* — M. l'abbé G...., 43 ans, au moment où il nous consulte (2 août 1872). Tempérament bilio-nerveux ; famille sans diathèse apparente. Jeûnes exagérés, existence extrêmement laborieuse, moral très ferme. Malade depuis 1854, craquements secs constatés en 1855, plusieurs hémoptysies en 1858 et rares crachats sanglants depuis cette époque. Grande caverne au sommet du poumon gauche (avec tous les signes classiques et submatité dans la région claviculaire) ; à droite, matité et craquements humides, avec bronchophonie ; toux fréquente, crachats jaune-verdâtres, muco-purulents, abondants ; anhélation constante ; pas de fièvre ; appétit passable, sommeil assez bon ; la physionomie exprime la fatigue.

Traitement : dose maxima, trois-quarts de verre à la Raillère ; bains de gorge à cette source pour calmer l'irritation de l'épiglotte, qui est congestionnée ; 21 demi-bains de 15 minutes, suivis d'immersion complète de 20 minutes, à la Raillère. Au départ, expectoration moins purulente et moins abondante, toux plus rare. Le malade boit pendant 20 jours, en novembre, demi-verre d'eau de la Raillère.

Contre notre attente, il ne revient pas en 1873; mais, de nouveau très fatigué par sa situation d'aumônier dans une maison de missions, il retourne en 1874. Au sommet gauche, tout à fait en haut, sur la paroi de la caverne, quelques craquements humides très rares ; au sommet droit, craquements humides sous la quatrième côte ; de loin en loin un petit crachat rouillé. L'appétit s'est maintenu, le sommeil est bon.

Traitement du 25 juillet au 20 août : Mêmes doses à boire qu'en 1872, mêmes bains de gorge ; les demi-bains suivis d'immersion complète sont pris aux Œufs, le matin ; nous ajoutons, chaque soir, un pédiluve de 5 minutes à eau courante, à César. Avec cela, deux cuillerées de sirop phénique chaque jour. Au départ, on n'entend rien au côté droit, il ne reste au sommet gauche que quelques craquements suspendant l'inspiration. Il faut noter que, le 31 juillet, le malade a rendu une quinzaine de crachats mêlés de sang noir. L'eau de la Raillère et le traitement externe ont donc favorisé l'élimination de quelques tubercules en voie de fonte purulente et provoqué la cicatrisation des tissus ulcérés.

L'abbé G.... s'est toujours bien porté depuis et, dans sa reconnaissace, il a conseillé le voyage de Cauterets à d'autres malades, qui nous ont affirmé que sa santé est bonne et qu'il travaille toujours avec le même zèle, tout en suivant cependant un régime moins sévère. Le travail évolutionnaire est complètement enrayé.

PHTHISIE HÉRÉDITAIRE.

16e OBSERVATION. — *Phthisie héréditaire, au 1er degré.* — M. L...., un de nos compatriotes, négociant, 38 ans. Se présente à nous le 10 juillet 1872, après 8 jours de traitement. Tempérament nerveux, état de maigreur, taille mince et élancée, poitrine étroite ; a perdu plusieurs parents de phthisie (sa mère et plusieurs cousins) ; a servi dans la cavalerie pendant sept ans et a craché du sang deux fois dans la dernière année : sujet aux douleurs rhumatismales articulaires pendant son adolescence. A 25 ans, chancre induré. Depuis l'âge de 30 ans, éruptions cutanées diverses, état de nervosisme constant dû à des excès de coït, tremblement nerveux des mains, étourdissements.

A l'arrivée, large plaque d'eczéma au bras gauche, acné sur le dos et sur le sternum. Le murmure respiratoire est amoindri au sommet du poumon droit, il y existe des craquements secs abondants et l'expiration est prolongée ; dépression sous-claviculaire et submatité, résonnance de la voix, expectoration muqueuse. Le sommeil est agité, l'appétit est bon.

Comme on le voit, il y a hérédité d'abord ; de plus, il a existé de l'arthritisme et le sujet a été syphilisé. Les deux diathèses ont dégénéré en herpétisme et abouti à la tuberculose.

Traitement : Nous donnons les eaux les plus alcalines de la station, l'une d'elles est en même temps la plus sulfureuse (Mauhourat et César). Dose maxima à l'intérieur, 3 verres par jour. Nous ordonnons 4 bains au Petit Saint - Sauveur , source hyposthénisante , puis 4 bains de piscine ; nous terminons le traitement externe par une quinzaine de douches tempérées , à jet brisé , à 34 degrés, pendant 10 minutes à chaque fois (Œufs). Sous l'influence de ce traitement, le poumon se décongestionne rapidement , l'expectoration disparaît , il survient une forte poussée d'acné à côté des pustules déjà existantes , la plaque d'eczéma s'agrandit et prend un aspect plus rouge.

Nous prescrivons 8 bains alcalins à prendre chez le malade et la prise d'un verre d'eau de César tous les matins , pendant 15 jours , à la suite de cette série de bains. Depuis ce temps , M. L.:.. , que nous revoyons quelquefois , se porte bien , son tempérament est mieux équilibré, mais il a de temps à autre des pustules d'acné sur le dos ; l'eczéma n'a pas reparu. On voit donc que le retour aigu amené par les eaux du côté de l'herpétisme a enrayé l'évolution des tubercules et que le maintien de l'acné à l'état chronique suffit pour fixer sur la peau les synergies vitales modifiées , c'est-à-dire la disposition morbide de l'organisme.

17e OBSERVATION. — *Phthisie héréditaire , au 1er degré.* — M. D...., un de nos amis, avocat. Père mort de la poitrine, trois frères morts de phthisie héréditaire ; tempérament nerveux. Vient nous consulter le 12 août 1872. La voix est toujours enrouée depuis quelques années, mais il n'y a jamais eu d'aphonie, ni d'hémoptysie ; abcès à l'anus en 1866 ; chancre induré en 1868 , suivi des accidents secondaires classiques (roséole , plaques muqueuses , aphtes, etc.). A l'examen , nous trouvons : murmure respiratoire affaibli , surtout à droite , expiration prolongée , dépressions sous - claviculaires (celle du côté droit plus accentuée) ; voix retentissante et vibrations thoraciques très accusées au sommet droit, avec quelques craquements secs à l'angle interne de l'omoplate ; la muqueuse pharyngienne est fortement colorée et granuleuse , il en est de même de celle qui recouvre les cartilages aryténoïdes et la face postérieure de l'épiglotte , les cordes vocales sont saines ; une tache de psoriasis au cou et quelques-unes aux deux jambes , acné dorsale, catarrhe eczémateux des tympans. Fatigue et anémie.

Traitement : Gargarismes iodés, solution à l'iodure potassique à prendre deux fois par jour ; le malade arrive graduellement à boire un verre à la Raillère et à Mauhourat ; larges bains de gorge et douches pharyngiennes à la palette pendant toute la cure ; 12 bains à la Raillère, puis 12 douches tempérées, à jet brisé , de 10 minutes, à 35 degrés, aux Œufs. Au départ , nous prescrivons deux saisons de 20 jours avec l'eau de la Raillère exportée, pour les mois de septembre et de novembre. L'état du malade est parfait : la voix est bonne , la respiration se fait mieux, les taches ont disparu.

M. D... vient nous revoir le 1er août 1877 : le murmure vésiculaire manque un peu d'ampleur au sommet du poumon droit, où il reste encore des vibrations thoraciques, et la voix retentit encore un peu à l'oreille. Ce n'est pas sa poitrine qui l'inquiète ; il craint toujours les suites de la syphilis, dont il existe encore quelques manifestations dégénérées, c'est-à-dire un état herpétique : sécheresse continuelle des fosses nasales, un peu de catarrhe des tympans, aphtes sur la langue, acné sur le dos, une plaque de psoriasis (n'ayant pas l'aspect syphilitique) sur la cuisse gauche et sur la jambe gauche ; enfin la pharyngite granuleuse a repris son ancien aspect sous l'influence du tabac et d'excès de parole ; hémorrhoïdes externes.

Traitement : Boit un verre à la Raillère, à Mauhourat et aux Œufs ; bains de gorge aux Espagnols ; 12 bains de piscine et 12 douches tempérées aux Espagnols ; 8 douches pharyngiennes au tamis. Le malade part dans une excellente situation ; il ne lui reste plus que quelques pustules d'acné.

Voilà une phthisie héréditaire au 1er degré, que la syphilis devait aggraver sans aucun doute ; le traitement par les eaux de Cauterets a débarrassé le malade de la congestion locale entretenue par les tubercules et des restes de la syphilis transformée. Actuellement il se porte bien et a pris un embonpoint de bon aloi.

18me OBSERVATION. — *Phthisie héréditaire, au 2e degré.* — M. de Q..., artiste lyrique, 36 ans (nous consulte le 6 juin 1870). Sa mère est morte de phthisie galopante ; son frère et ses deux sœurs sont morts de phthisie lente. Tempérament lymphatique et nerveux. Pas de maladies antérieures à son affection chronique ; nom-

breuses hémoptysies, peu abondantes, la première datant
de cinq ans; coryzas fréquents, chapelet de glandules
hypertrophiées au fond du pharynx ; les saillies formées
par les cartilages de Santorini sont rouges et cette rou-
geur s'étend sur les replis aryteno-épiglottiques jusqu'au
niveau des cartilages de Wrisberg, deux granulations sur
la face postérieure de l'épiglotte, voix légèrement voilée.
Le côté gauche de la poitrine est sain : à droite, matité
dans toute la moitié supérieure du poumon, obscurité
dans le bas, râle sous-crépitant à bulles moyennes au
sommet avec bronchophonie et souffle bronchique au
niveau de l'angle interne de l'omoplate : crachats épais
et jaunes, muco-purulents le matin, muqueux dans la
journée.

Le cœur est un peu hypertrophié, sans doute par suite
de la profession. Le malade a de temps à autre des éruptions aphteuses sur la langue et à l'entrée du pharynx ;
il assure que ces éruptions lui dégagent la poitrine et le
larynx et permettent ainsi au soufflet thoracique et à
l'organe vocal de fonctionner avec la même puissance
qu'autrefois. Il affirme qu'il n'a jamais eu de syphilis ni
aucune éruption à la peau. Appétit bon, constipation
habituelle, sommeil facilement interrompu.

Le jour de son arrivée, M. de Q... crache environ deux
cuillerées de sang à la suite d'un pédiluve trop prolongé, qui a provoqué une réaction générale. Il vient
nous voir le soir même (6 juin 1870). Pommade stibiée
sous la clavicule droite et sur la face externe des jambes.
Après deux jours de repos, nous instituons le traitement

suivant : 1/4 de verre à la Raillère les trois premiers jours, 1/2 verre à la Raillère et à Mauhourat du quatrième au neuvième jour ; 1 verre à la Raillère et 1 verre 1/2 à Mauhourat du neuvième au vingt-troisième jour, qui termine la saison. En même temps, le matin, bains de gorge et aspirations nasales à la Raillère, 1/2 bain de 20 minutes à César pendant quatre jours ; bain à la piscine pour le reste de la saison, avec recommandation de nager doucement et de humer la vapeur sulfureuse de l'eau. Tous les soirs, pendant 20 minutes, aspiration par la bouche de gouttelettes d'eau très finement pulvérisées, et à la suite un pédiluve de 4 à 5 minutes. A la fin du traitement, nous avons fait administrer au malade quatre grandes douches tempérées, de 8 minutes, à jet bien brisé sur le haut du corps, portant à piston plein sur les membres inférieurs.

Le malade est parti ne présentant plus ni toux, ni crachats, ni râles ; il restait de l'obscurité au sommet du poumon malade, avec respiration encore un peu soufflante, voix vibrante sous la paroi thoracique, mais ayant au dehors un timbre bien net et bien plein. M. de Q.... a bu de l'eau de la Raillère exportée, à l'entrée de l'hiver, pendant plusieurs années : il a pu continuer sa carrière. Le résultat obtenu s'était maintenu intégralement et il n'était survenu aucune rechûte ; cet artiste est mort d'accident, il y a deux ans environ.

19e Observation. — *Phthisie héréditaire, au 3o degré.* — M. G...., négociant espagnol, 28 ans. (Première consultation le 4 septembre 1872.) Père mort de phthisie laryngée , tante paternelle morte de phthisie pulmonaire. Tempérament nerveux et lymphatique ; fièvre typhoïde à 18 ans , chancre induré à 20 ans (a suivi un traitement spécifique assez énergique et fait trois saisons à Luchon) ; palpitations de cœur depuis l'âge de 23 ans (sa mère a un anévrisme du cœur) ; variole à 26 ans ; hémoptysie à 27 ans et à 27 ans 1/2, cette dernière remontant à 6 mois ; grand fumeur de cigarettes, parle beaucoup par profession. Grande fatigue depuis quelques mois, appétit capricieux , sommeil irrégulier ; toux fréquente , expectoration muco-purulente ; épaississement de la muqueuse pharyngienne , injection de la muqueuse vestibulaire et rétro-épiglottique et des cordes vocales , voix rauque , devenant presque aphone parfois. Le sommet du poumon gauche est fortement déprimé et présente de la matité, d'énergiques vibrations thoraciques, de la broncho - pectoriloquie et du râle cavernuleux ; il y a quelques semaines, mouvement fébrile le soir , disparu au moment de l'arrivée à Cauterets.

Traitement : Gargarisme iodé pendant 4 jours , huile de croton sur la trachée et sous la clavicule gauche ; le malade boit 1/2 verre à la Raillère et à Mauhourat tous les matins , prend des bains de gorge avec l'eau de la Raillère, un bain quotidien de 40 minutes à cette source, une inhalation de vapeurs sulfureuses à Pauze-Nouveau et un pédiluve à César (le soir).

Il part ne rendant que quelques crachats muqueux le matin , les râles ont disparu, il ne reste que de rares craquements secs, les autres signes étant les mêmes du côté du poumon ; quant à la muqueuse pharyngo-laryngienne, elle offre un meilleur aspect, la voix est bonne, les forces se sont relevées. M. G... reçoit, au départ les conseils suivants :

1° Continuer de suite la saison thermale en buvant chaque matin, à domicile, un verre d'eau de la Raillère exportée et en se gargarisant avec un second verre de cette eau ;

2° Du 15 octobre au 15 novembre, aspirer tous les matins des vapeurs d'eau sulfureuse de la Raillère, au moyen du pulvérisateur Galante ;

3° Suspension de tout traitement pendant 15 jours, à part les révulsifs s'ils sont nécessaires.

4° Du 1er au 31 décembre, huile de foie de morue ;

5° Du 1er au 31 janvier, tous les matins, un verre d'eau de la Raillère en boisson et un verre en bains de gorge ;

6° Suspension de traitement pendant 15 jours ;

7° Huile de foie de morue pendant la seconde moitié de février ;

8° Traitement avec l'eau de la Raillère, *ut suprà*, pendant les 20 premiers jours de mars ;

9° Sirop de Portal pendant tout le printemps ;

10° Saison thermale à Cauterets, en 1873 ;

11° Cesser l'usage du tabac et prendre moins de fatigue.

Le malade a suivi exactement ces prescriptions, sauf la 10me, qu'il a jugée inutile, parce que l'amélioration obtenue s'était maintenue à l'époque que nous avions indiquée pour le voyage. Il a des relations suivies avec un de nos amis de Bordeaux, auquel il donne souvent des nouvelles de sa santé, qui reste bonne.

NOTE.

Nous pourrions citer encore d'autres cas de phthisie d'origines variées et de diverses formes, mais nous pensons qu'une série de faits aussi longue que celle qui précède peut nous en dispenser. On nous objectera sans doute qu'une période d'années variant entre six et dix ans ne suffit pas pour établir la curabilité absolue de la phthisie, c'est-à-dire l'arrêt complet de l'évolution tuberculeuse. Nous répondrons à cette observation par une simple question : comment se fait-il que des malades soient morts de maladie accidentelle à un âge très avancé, et qu'on ait trouvé dans leurs poumons soit des tubercules crus immobilisés, soit des tubercules pénétrés de substances calcaires, soit des cellules ou des cavernes vidées et réduites par agglomérats dissiminés à l'état de tissu fibreux, soit enfin des cavernes béantes et tapissées par une membrane cicatricielle, tous états indiquant autant de modes d'arrêt dans l'évolution de la phthisie ?

Si l'organisme, par sa seule puissance vitale, a pu faire face à diverses causes de ruine et surmonter tous les obstacles qui le menaçaient, pourquoi ne pas reconnaître que le secours de certains agents thérapeutiques, en particulier les eaux minérales, peut faciliter et abréger la tâche de la nature ?

Pourquoi une maladie qui est enrayée depuis six, huit ou dix ans, n'est-elle pas enrayée pour toujours, surtout lorsque les malades, se soumettant à la raison qui leur commande de dépenser moins leurs forces et de les distribuer avec plus d'ordre, observent désormais avec plus de vigilance et de sagacité les lois de l'hygiène ? Comme le dit Fonssagrives, quand on est phthisique, il faut savoir végéter. Un homme d'affaires dirait : quand, par des pertes plus ou moins sérieuses, un citoyen prévoyant et sage voit sa fortune diminuer, il doit modifier ses habitudes de manière à vivre honorablement avec son nouveau budget, il doit conformer son existence à sa nouvelle situation, s'il ne veut pas se ruiner ; s'il veut vivre aussi largement qu'auparavant, il mourra dans la misère, à bref délai.

Parmi les cas que nous avons cités, il en est où la maladie a présenté une évolution rapide pendant une période déterminée ; puis, sous l'influence des eaux de Cauterets, après une ou plusieurs saisons, la marche de la tuberculose s'est trouvée arrêtée. La phthisie a commencé chez quelques-uns de nos malades il y a 20 et 25 ans et ils vivent encore aujourd'hui sans que leur santé ait périclité depuis le temps d'arrêt dont ils ont bénéficié au moyen du traitement hydro-thermal.

Parmi les médecins de la station, plusieurs sont venus

s'y soigner pendant quelques années et plus tard y exercer notre profession afin de continuer à prendre régulièrement les eaux. Nous-même, issu d'une famille paternelle dont les divers rameaux ont fourni des cas de tuberculose et qui avons perdu deux frères de cette maladie, nous avons constaté que notre prédisposition héréditaire était devenue une réalité morbide dès 1861 ; on nous a trouvé du râle sous-crépitant fin au sommet droit en janvier 1867, nous avons une dépression sous-claviculaire très prononcée de ce côté. Depuis la saison de 1867, la première que nous avons faite à Cauterets comme malade, les râles ont disparu, ainsi que toute expectoration, et notre état général est excellent ; nous avons eu assez souvent l'occasion de parler en public pendant de longues séances sans conséquence fâcheuse, la pratique du chant ne nous fatigue nullement et nous n'avons que très peu modifié le genre de notre existence. Il est bon d'ajouter que, tous les ans, nous faisons une cure très modérée aux deux extrémités de la saison et que l'usage constant de l'hydrothérapie à l'eau froide, même pendant l'hiver, nous rend de réels services.

TABLE DES MATIÈRES.

La Rochelle, Typ. A. SIRET.

OUVRAGES DU MÊME AUTEUR

Du traumatisme chez l'Européen, dans les pays chauds. Montpellier, 1866, chez Boëhm et fils. (S'adresser à l'auteur.)

Des indications particulières de l'eau de Manhoural. Paris, 1874, chez G. Masson.

Des indications particulières de l'eau de la Raillère. Paris, 1875, chez G. Masson.

Des caisses d'épargne scolaires. Rochefort, 1875, chez Triaud et Guy. — Epuisé.

De la création de piscines publiques. Rochefort, 1875, chez Triaud et Guy. — Epuisé.

De l'organisation d'observatoires météorologiques dans la Charente-Inférieure. Rochefort, 1876, chez Triaud et Guy. — Epuisé.

De la situation des ouvriers dans nos arsenaux maritimes Rochefort, 1876, chez Triaud et Guy. — Epuisé.

Projet de canal reliant la Loire à la Garonne et à la Charente. Saintes, 1877, chez Loychon et Ribéraud. — Epuisé.

Des indications particulières de l'eau de César et des Espagnols. Paris, 1877, chez G. Masson.

De l'action physiologique des eaux de Cauterets. Paris, 1878, chez G. Masson, imprimerie Siret, à la Rochelle.

De l'organisation des sociétés de tir. Royan, 1878, chez V. Billaud. (S'adresser à l'auteur.)

Des réformes à apporter dans la législation des eaux minérales. Paris, 1878, chez Hennuyer. — Epuisé.

Des eaux sulfureuses de Cauterets (5me édition, in-16 de 576 pages). Paris, 1879, chez G. Masson.

Les eaux minérales des Pyrénées françaises. Ouvrage couronné par la Société de médecine de Toulouse dans sa séance du 14 mai 1879 ; sera imprimé en 1881.

La Rochelle, Typ. A. Siret.